水利部黄河水利委员会

黄河防洪钻孔灌浆及其他工程预算定额

(试行)

U0364444

黄河水利出版社

图书在版编目(CIP)数据

黄河防洪钻孔灌浆及其他工程预算定额：试行／水利部黄河水利委员会编. —郑州：黄河水利出版社，2010.5
　ISBN 978－7－80734－821－4

　Ⅰ.①黄… 　Ⅱ.①水… 　Ⅲ.①黄河－防洪工程－建筑预算定额 　Ⅳ.①TV882.1

中国版本图书馆 CIP 数据核字(2010)第 080454 号

出　版　社：黄河水利出版社
地址：河南省郑州市顺河路黄委会综合楼 14 层　　　邮政编码：450003
发行单位：黄河水利出版社
发行部电话：0371-66026940、66020550、66022620(传真)
E-mail:hhslcbs@126.com
承印单位：黄河水利委员会印刷厂
开本：850 mm×1 168 mm 　1／32
印张：1.625
字数：40 千字　　　　　　　　　印数：1—1 000
版次：2010 年 5 月第 1 版　　　印次：2010 年 5 月第 1 次印刷

定价：30.00 元

水利部黄河水利委员会文件

黄建管[2010]16 号

关于发布《黄河防洪钻孔灌浆及其他工程预算定额》(试行)的通知

委属有关单位、机关有关部门：

为了适应黄河水利工程造价管理工作的需要，合理确定和有效控制黄河防洪工程基本建设投资，提高投资效益，根据国家和水利部的有关规定，结合黄河防洪工程建设实际，黄河水利委员会水利工程建设造价经济定额站组织编制了《黄河防洪钻孔灌浆及其他工程预算定额》(试行)，现予以颁布。本定额自 2010 年 7 月 1 日起执行，原相应定额同时废止。

本定额与水利部颁布的《水利建筑工程预算定额》

(2002)配套使用(采用本定额编制概算时，应乘以概算调整系数)，在执行过程中如有问题请及时函告黄河水利委员会水利工程建设造价经济定额站。

水利部黄河水利委员会

二○一○年五月十三日

主题词：工程　预算　定额　黄河　通知

抄　送：水利部规划计划司、建设与管理司、水利水
　　　　电规划设计总院、水利建设经济定额站。

黄河水利委员会办公室　　　　2010 年 5 月 14 日印制

总 目 录

黄河防洪钻孔灌浆工程预算定额(试行) ……………………………………(1)

黄河防洪其他工程预算定额(试行) ……………………………………(17)

表 目 录

表一　⋯⋯⋯⋯⋯⋯⋯⋯⋯⋯⋯⋯⋯⋯⋯⋯⋯⋯⋯⋯⋯（1）

表二　⋯⋯⋯⋯⋯⋯⋯⋯⋯⋯⋯⋯⋯⋯⋯⋯⋯⋯⋯⋯⋯（2）

黄河防洪钻孔灌浆工程预算定额

(试行)

主持单位	黄河水利委员会水利工程建设造价
	经济定额站
主编单位	黄河勘测规划设计有限公司
审　　查	吴宾格　张柏山　杨明云
主　　编	刘家俊　董崇民　李永芳　李晓萍
副 主 编	袁国芹　韩红星　汪雪英　李建军
	熊建清
编写组成员	刘家俊　董崇民　李永芳　李晓萍
	袁国芹　韩红星　汪雪英　李建军
	熊建清　王万民　杨　娜　宋玉红
	徐新华　刘　风　王彦玲　王艳洲
	张　波　籍勇晔　蔡仲银　张　斌
	李　涛　尹　赜　李正华　张建春
	王　晖

目 录

说　明 ……………………………………………………………… (7)

1　回旋钻造灌注桩孔 …………………………………………… (9)

2　振冲防渗墙 …………………………………………………… (11)

3　锥探灌浆 ……………………………………………………… (13)

4　堤防裂缝处理灌浆 …………………………………………… (14)

附录1　施工机械台时费定额 …………………………………… (15)

附录2　钻机钻孔工程地层分类与特征表 ……………………… (16)

目　录

说　明

　　一、《黄河防洪钻孔灌浆工程预算定额》(以下简称本定额)是根据黄河防洪工程建设实际，对水利部颁发的《水利建筑工程预算定额》(2002)的补充。包括回旋钻造灌注桩孔、振冲防渗墙、锥探灌浆、堤防裂缝处理灌浆共 4 节及附录。

　　二、本定额适用于黄河防洪工程，是编制工程预算的依据和编制工程概算的基础，并可作为编制工程招标标底和投标报价的参考。

　　三、本定额不包括冬季、雨季和特殊地区气候影响施工的因素及增加的设施费用。

　　四、本定额按一日三班作业施工、每班八小时工作制拟定，采用一日一班或一日两班制的，定额不作调整。

　　五、本定额的"工作内容"仅扼要说明主要施工过程及工序，次要的施工过程及工序和必要的辅助工作所需的人工、材料、机械也包括在定额内。

　　六、定额中人工、机械用量是指完成一个定额子目内容所需的全部人工和机械。包括基本工作、准备与结束、辅助生产、不可避免的中断、必要的休息、工程检查、交接班、班内工作干扰、夜间施工工效影响、常用工具和机械的维修、保养、加油、加水等全部工作。

　　七、定额中人工是指完成该定额子目工作内容所需的人工耗用量。包括基本用工和辅助用工，并按其所需技术等级分别列示出工长、高级工、中级工、初级工的工时及其合计数。

　　八、材料消耗定额(含其他材料费)是指完成一个定额子目内容所需要的全部材料耗用量。

九、其他材料费是指完成一个定额子目的工作内容所必需的未列量材料费。

十、材料从分仓库或相当于分仓库材料堆放地至工作面的场内运输所需的人工、机械及费用，已包括在各定额子目中。

十一、机械台时定额(含其他机械费)是指完成一个定额子目工作内容所需的主要机械及次要辅助机械使用费。

十二、其他机械费是指完成一个定额子目工作内容所必需的次要机械使用费。

十三、本定额中其他材料费、其他机械费均以费率形式表示，其计算基数如下：

1. 其他材料费，以主要材料费之和为计算基数。

2. 其他机械费，以主要机械费之和为计算基数。

十四、定额中的地层分类划分见附录 2。

1 回旋钻造灌注桩孔

工作内容：固壁泥浆制备，护筒埋设，钻机及管路安拆、定位、钻进，清孔，钻机转移，泥浆池沉渣清理等。

(1)孔深 30 m 以内，桩径 0.8 m

单位：100 m

项 目	单位	地 层			
		砂壤土	黏土	砂砾	砾石
工 长	工时	36.1	37.6	54.5	76.4
高 级 工	工时	144.5	150.2	217.9	305.7
中 级 工	工时	397.3	413.1	599.2	840.8
初 级 工	工时	144.5	150.2	217.9	305.7
合 计	工时	722.4	751.1	1089.5	1528.6
锯 材	m³	0.08	0.08	0.08	0.08
钢 护 筒	t	0.08	0.08	0.08	0.08
电 焊 条	kg	0.80	1.60	2.40	4.00
铁 件	kg	0.80	0.80	0.80	0.80
黏 土	t	70.86	50.00	91.72	91.72
水	m³	176.00	144.00	248.00	248.00
其他材料费	%	2	2	2	2
回 旋 钻 机 Φ1500 以内	台时	107.52	119.04	195.84	307.84
挖 掘 机 1 m³	台时	1.92	1.92	1.92	1.92
履带式起重机 15 t	台时	8.00	8.00	8.00	8.00
载 重 汽 车 15 t	台时	8.80	8.80	8.80	8.80
电 焊 机 25 kVA	台时	0.64	1.92	2.40	3.20
泥 浆 搅 拌 机	台时	24.49	17.28	31.70	31.70
汽 车 起 重 机 5 t	台时	1.00	1.00	1.00	1.00
其他机械费	%	3	3	3	3
编 号		70495	70496	70497	70498

注：1. 粉细砂、中粗砂适用砂壤土定额子目；
　　2. 砂砾：粒径 2～20 mm 的角砾、圆砾含量（指质量比，下同）小于或等于50%，包括碎石及粒状风化；
　　3. 砾石：粒径 2～20 mm 的角砾、圆砾含量大于50%，可包括粒径 20~200 mm 的碎石、卵石，其含量在10%以内，包括块状风化。

(2)孔深 30 m 以内，桩径 1 m

单位：100 m

项　　　目	单位	地　　层			
		砂壤土	黏土	砂砾	砾石
工　　　长	工时	40.1	41.7	60.5	84.9
高　级　工	工时	160.5	166.9	242.1	339.7
中　级　工	工时	441.4	459.0	665.8	934.2
初　级　工	工时	160.5	166.9	242.1	339.7
合　　　计	工时	802.5	834.5	1210.5	1698.5
锯　　　材	m³	0.10	0.10	0.10	0.10
钢　护　筒	t	0.09	0.09	0.09	0.09
电　焊　条	kg	1.00	2.00	3.00	5.00
铁　　　件	kg	1.00	1.00	1.00	1.00
黏　　　土	t	88.58	62.50	114.65	114.65
水	m³	220.00	180.00	310.00	310.00
其他材料费	%	2	2	2	2
回旋钻机 Φ1500 以内	台时	134.40	148.80	244.80	384.80
挖　掘　机 1 m³	台时	2.40	2.40	2.40	2.40
履带式起重机 15 t	台时	8.00	8.00	8.00	8.00
载重汽车 15 t	台时	8.80	8.80	8.80	8.80
电焊机 25 kVA	台时	0.80	2.40	3.00	4.00
泥浆搅拌机	台时	30.61	21.60	39.62	39.62
汽车起重机 5 t	台时	1.18	1.18	1.18	1.18
其他机械费	%	3	3	3	3
编　　　号		70499	70500	70501	70502

注：1.粉细砂、中粗砂适用砂壤土定额子目；

2.砂砾：粒径 2~20 mm 的角砾、圆砾含量(指质量比，下同)小于或等于50%，包括碴石及粒状风化；

3.砾石：粒径 2~20 mm 的角砾、圆砾含量大于50%，可包括粒径 20~200 mm 的碎石、卵石，其含量在10%以内，包括块状风化。

2 振冲防渗墙

工作内容：开挖导槽，机具就位，浆液配制，振冲注浆，提升灌浆，管路冲洗，机具移位。

(1)孔深 30 m 以内，墙厚 15 cm

单位：100 m² 阻水面积

项 目	单位	地 层			
		黏土	砂壤土	粉细砂	中粗砂
工 长	工时	21.0	23.0	27.0	37.0
高 级 工	工时	31.0	34.0	40.0	55.0
中 级 工	工时	62.0	68.0	82.0	110.0
初 级 工	工时	93.0	102.0	122.0	165.0
合 计	工时	207.0	227.0	271.0	367.0
水 泥	t	7.88	7.88	7.88	7.88
膨 润 土	t	1.42	1.42	1.42	1.42
砂	m³	8.14	8.14	8.14	8.14
外 加 剂	kg	39.38	39.38	39.38	39.38
振 管	m	1.20	1.32	1.58	2.13
切 头	个	0.15	0.17	0.20	0.27
胶 管	m	6.00	6.60	7.92	10.69
板 枋 材	m³	0.11	0.12	0.14	0.19
水	m³	75.00	75.00	75.00	75.00
其他材料费	%	5	5	5	5
振动切槽机	台时	16.88	18.57	22.28	30.04
灌 浆 泵 中(低)压砂浆	台时	16.88	18.57	22.28	30.04
高速搅拌机	台时	16.88	18.57	22.28	30.04
泥浆搅拌机	台时	16.88	18.57	22.28	30.04
载 重 汽 车 5 t	台时	10.12	11.14	13.37	18.03
其他机械费	%	5	5	5	5
编 号		70503	70504	70505	70506

注： 水泥、膨润土、砂可根据设计配合比调整。

(2)孔深 30 m 以内，墙厚 20 cm

单位：100 m² 阻水面积

项　　目	单位	地　层			
		黏土	砂壤土	粉细砂	中粗砂
工　　长	工时	22.0	24.0	29.0	40.0
高 级 工	工时	33.0	36.0	43.0	58.0
中 级 工	工时	66.0	73.0	87.0	117.0
初 级 工	工时	99.0	109.0	130.0	176.0
合　　计	工时	220.0	242.0	289.0	391.0
水　　泥	t	10.50	10.50	10.50	10.50
膨 润 土	t	1.89	1.89	1.89	1.89
砂	m³	10.85	10.85	10.85	10.85
外 加 剂	kg	52.50	52.50	52.50	52.50
振　　管	m	1.20	1.32	1.58	2.13
切　　头	个	0.15	0.17	0.20	0.27
胶　　管	m	6.00	6.60	7.92	10.69
板 枋 材	m³	0.11	0.12	0.14	0.19
水	m³	100.00	100.00	100.00	100.00
其他材料费	%	5	5	5	5
振动切槽机	台时	17.96	19.75	23.70	31.96
灌 浆 泵 中(低)压砂浆	台时	17.96	19.75	23.70	31.96
高速搅拌机	台时	17.96	19.75	23.70	31.96
泥浆搅拌机	台时	17.96	19.75	23.70	31.96
载 重 汽 车　5 t	台时	10.77	11.85	14.22	19.18
其他机械费	%	5	5	5	5
编　　　号		70507	70508	70509	70510

注：水泥、膨润土、砂可根据设计配合比调整。

3 锥探灌浆

适用范围：堤防工程。

工作内容：布孔、机具就位、锥孔，土料过筛、造浆、灌浆、封
孔，转移。

单位：100 m

项　　　目	单位	数量
工　　　长	工时	2.3
高　级　工	工时	
中　级　工	工时	15.8
初　级　工	工时	27.0
合　　　计	工时	45.1
黏　　　土	t	3.78
胶　　管　Φ50	m	0.37
水	m³	2.54
其他材料费	%	5
打　锥　机	台时	0.80
灌　浆　泵　中(低)压泥浆	台时	3.00
泥浆搅拌机	台时	3.00
机动翻斗车　1 t	台时	2.20
其他机械费	%	10
编　　　号		70511

注：本定额不包括堤顶硬化路面钻孔及路面恢复。

4 堤防裂缝处理灌浆

适用范围：平均缝宽≤5 cm裂缝处理灌浆工程。

工作内容：布孔、机具就位、锥孔，土料过筛、造浆、灌浆、复
灌、封孔，转移。

单位：100 m

项　　目	单位	数量
工　　长	工时	3.2
高　级　工	工时	
中　级　工	工时	19.1
初　级　工	工时	41.4
合　　计	工时	63.7
黏　　土	t	14.87
胶　管　Φ50	m	0.37
水	m³	6.91
其他材料费	%	5
打　锥　机	台时	5.84
灌　浆　泵　中(低)压泥浆	台时	5.14
泥浆搅拌机	台时	5.14
机动翻斗车　1 t	台时	4.40
其他机械费	%	5
编　　号		70512

注：本定额不包括堤顶硬化路面钻孔及路面恢复。

附录1 施工机械台时费定额

	项 目	单位	回旋钻机 Φ1500 以内	振动切槽机	打锥机
（一）	折 旧 费	元	30.31	31.33	4.00
	修理及替换设备费	元	46.13	40.73	8.56
	安装拆卸费	元	1.36	0.31	1.40
	小 计	元	77.80	72.37	13.96
（二）	人 工	工时	2.0	5.0	1.8
	汽 油	kg			
	柴 油	kg			2.1
	电	kW·h	50.0	93.9	
	风	m³			
	水	m³			
	编 号		6039	6040	6041

附录2 钻机钻孔工程地层分类与特征表

地层名称	特 征
1.黏 土	塑性指数＞17，人工回填压实或天然的黏土层，包括黏土含石
2.砂壤土	1＜塑性指数≤17，人工回填压实或天然的砂壤土层，包括土砂、壤土、砂土互层、壤土含石和砂土
3.淤 泥	包括天然孔隙比＞1.5 的淤泥和 1＜天然孔隙比≤1.5 的黏土和亚黏土
4.粉细砂	d_{50}≤0.25 mm，塑性指数≤1，包括粉砂、粉细砂含石
5.中粗砂	0.25 mm＜d_{50}≤2 mm，包括中粗砂含石
6.砾 石	粒径 2～20 mm 的颗粒占全重 50%的地层，包括砂砾石和砂砾
7.卵 石	粒径 20～200 mm 的颗粒占全重 50%的地层，包括砂砾卵石
8.漂 石	粒径 200～800 mm 的颗粒占全重 50%的地层，包括漂卵石
9.混凝土	指水下浇筑，龄期不超过 28 d 的防渗墙接头混凝土
10.基 岩	指全风化、强风化、弱风化的岩石
11.孤 石	粒径＞800 mm 需作专项处理，处理后的孤石按基岩定额计算

注：1、2、3、4、5 项包括≤50%含石量的地层。

黄河防洪其他工程预算定额
(试行)

主 持 单 位	黄河水利委员会水利工程建设造价经济定额站		
主 编 单 位	黄河勘测规划设计有限公司		
审 查	吴宾格	张柏山	杨明云
主 编	刘家俊	袁国芹	韩红星	李晓萍
副 主 编	董崇民	徐新华	汪雪英	宋玉红
	王艳洲		
编写组成员	刘家俊	袁国芹	韩红星	李晓萍
	董崇民	徐新华	汪雪英	宋玉红
	王艳洲	张建春	熊建清	李永芳
	李建军	杨 娜	刘 云	张 斌
	张 波	丘善富	籍勇晔	李正华
	王卫军	闫 鹏	王 晖	王万民
	刘 风		

目　录

说　　明 ……………………………………………………… (23)

1 排水沟 ……………………………………………………… (25)

　预制混凝土排水沟 ………………………………………… (25)

　现浇混凝土排水沟 ………………………………………… (26)

　堤顶边埂侧缘石 …………………………………………… (27)

2 机　井 ……………………………………………………… (28)

3 防洪工程植树 ……………………………………………… (29)

　防浪林 ……………………………………………………… (29)

　行道林 ……………………………………………………… (30)

　适生林 ……………………………………………………… (31)

　护堤地林 …………………………………………………… (32)

4 标志标牌 …………………………………………………… (33)

　工程管理责任牌 …………………………………………… (33)

　交界牌 ……………………………………………………… (34)

　简介牌 ……………………………………………………… (35)

　交通标志牌 ………………………………………………… (36)

5 标志桩 ……………………………………………………… (37)

　千米桩、百米桩、坝号桩、根石断面桩 ………………… (37)

　高标桩、滩岸桩、边界桩、交通警示桩 ………………… (38)

附录1 施工机械台时费定额 ………………………………… (39)

附录2 水文地质钻探地层分类表 …………………………… (40)

附录3 其他工程特性表 ……………………………………… (41)

目　录

说　明

一、《黄河防洪其他工程预算定额》(以下简称本定额)是根据黄河防洪工程建设实际，对水利部颁发的《水利建筑工程预算定额》(2002)的补充。分为排水沟、机井、防洪工程植树、标志标牌、标志桩共 5 节及附录。

二、本定额适用于黄河防洪工程，是编制工程预算的依据和编制工程概算的基础，并可作为编制工程招标标底和投标报价的参考。

三、本定额不包括冬季、雨季和特殊地区气候影响施工的因素及增加的设施费用。

四、本定额的"工作内容"仅扼要说明主要施工过程及工序，次要的施工过程及工序和必要的辅助工作所需的人工、材料、机械也包括在定额内。

五、定额中人工、机械用量是指完成一个定额子目内容所需的全部人工和机械。包括基本工作、准备与结束、辅助生产、不可避免的中断、必要的休息、工程检查、交接班、班内工作干扰、夜间施工工效影响、常用工具和机械的维修、保养、加油、加水等全部工作。

六、定额中人工是指完成该定额子目工作内容所需的人工耗用量。包括基本用工和辅助用工，并按其所需技术等级分别列示出工长、高级工、中级工、初级工的工时及其合计数。

七、材料消耗定额(含其他材料费)是指完成一个定额子目内容所需要的全部材料耗用量。

八、其他材料费是指完成一个定额子目的工作内容所必需的未列量材料费。

九、材料从分仓库或相当于分仓库材料堆放地至工作面的场内运输所需的人工、机械及费用，已包括在各定额子目中。

十、机械台时定额(含其他机械费)是指完成一个定额子目工作内容所需的主要机械及次要辅助机械使用费。

十一、其他机械费是指完成一个定额子目工作内容所必需的次要机械使用费和辅助机械使用费。

十二、本定额中其他材料费、其他机械费均以费率形式表示，其计算基数如下：

1. 其他材料费，以主要材料费之和为计算基数。

2. 其他机械费，以主要机械费之和为计算基数。

十三、定额用数字表示的使用范围

1. 只用一个数字表示的，仅适用于数字本身。当需要选用的定额介于两子目之间时，可用插入法计算。

2. 数字用上下限表示的，如 20～30，适用于大于 20、小于或等于 30 的数字范围。

十四、防洪工程植树

1. 定额工作内容包括种植前的准备、种植时的用工、用料和机械使用。

2. 场内运输包括施工点 50 m 范围以内的材料搬运。本定额运距范围以外的苗木运输费，包含在苗木预算价中。

3. 乔木胸径为地表以上 1.2 m 高处树干的直径。

4. 冠丛高为地表至灌木顶端的高度。

十五、定额中的地层分类见附录 2。

十六、排水沟、标志标牌、标志桩材质及尺寸见附录 3。

1 排水沟

(1)预制混凝土排水沟

适用范围：堤防工程。

工作内容：挖沟，修底，夯实，垫层铺筑，混凝土预制、运输、
　　　　　铺筑、灌缝、养护。

单位：100 m

项　　　目	单位	堤防排水沟	淤区顶部排水沟
工　　　长	工时	11.9	9.4
高　级　工	工时	27.7	22.0
中　级　工	工时	106.5	86.4
初　级　工	工时	240.9	196.5
合　　　计	工时	387.0	314.3
组合钢模板	kg	7.06	7.06
铁　　　件	kg	1.49	1.49
土	m³	21.48	21.48
生　石　灰	t	4.54	4.54
混　凝　土	m³	6.06	6.06
水　泥砂浆	m³	0.32	0.32
水	m³	18.28	18.28
其他材料费	%	5	5
搅　拌　机　0.4 m³	台时	1.11	1.11
胶　轮　车	台时	5.63	5.63
振　动　器　1.1 kW	台时	3.34	3.34
手扶拖拉机　11 kW	台时	4.50	4.50
蛙式打夯机　2.8 kW	台时	13.33	13.63
其他机械费	%	10	10
编　　　号		90195	90196

注：1.河道整治工程排水沟套用堤防排水沟；

　　2.每增加一个消力池，排水沟工程量增加1 m。

(2)现浇混凝土排水沟

适用范围：堤防工程。

工作内容：挖沟，修底，夯实，垫层铺筑，模板制作、安装、拆除，混凝土拌制、运输、浇筑、振捣及养护。

单位：100 m

项 目	单位	堤防排水沟	淤区顶部排水沟
工 长	工时	12.5	11.1
高 级 工	工时	27.8	27.8
中 级 工	工时	75.0	75.0
初 级 工	工时	223.0	155.2
合 计	工时	338.3	269.1
组合钢模板	kg	38.19	38.19
型 钢	kg	20.63	20.63
卡 扣 件	kg	12.16	12.16
铁 件	kg	0.72	0.72
预 埋 铁 件	kg	13.77	13.77
电 焊 条	kg	1.19	1.19
土	m³	21.48	21.48
生 石 灰	t	4.54	4.54
混 凝 土	m³	6.37	6.37
水	m³	11.53	11.53
其他材料费	%	2	2
搅 拌 机 0.4 m³	台时	1.15	1.15
胶 轮 车	台时	5.29	5.29
机动翻斗车 1 t	台时	1.99	1.99
振 动 器 1.1 kW	台时	2.72	2.72
电 焊 机 25 kVA	台时	1.30	1.30
蛙式打夯机 2.8 kW	台时	13.33	13.63
其他机械费	%	15	15
编 号		90197	90198

注：1.河道整治工程排水沟套用堤防排水沟；

2.每增加一个消力池，排水沟工程量增加1 m。

(3)堤顶边埂侧缘石

适用范围：堤防工程。

工作内容：放样，开槽，原土夯实，预制、安砌混凝土侧缘石，勾缝，清理。

单位：100 m

项　　　目	单位	数量
工　　　长	工时	4.3
高　级　工	工时	11.9
中　级　工	工时	47.9
初　级　工	工时	66.8
合　　　计	工时	130.9
组合钢模板	kg	2.73
铁　　　件	kg	0.53
混　凝　土	m³	2.97
水 泥 砂 浆	m³	0.12
水	m³	7.13
其他材料费	%	5
搅　拌　机　0.4 m³	台时	0.55
胶　轮　车	台时	2.76
手扶拖拉机　11 kW	台时	2.26
振　动　器　1.1 kW	台时	1.63
其他机械费	%	15
编　　　号		90199

2 机 井

适用范围：井深 50 m 以内，钻井孔径 800 mm 以内。
工作内容：钻孔、泥浆固壁、井管安装、填滤料、洗井、井盖制作安装。

单位：100 m

项 目	单位	地层				
		松散层 I类	松散层 II类	松散层 III类	松散层 IV类	松散层 V类
工 长	工时	74.0	80.0	100.0	107.0	114.0
高 级 工	工时	291.0	314.0	394.0	425.0	449.0
中 级 工	工时	819.0	881.0	1100.0	1185.0	1252.0
初 级 工	工时	301.0	323.0	403.0	434.0	458.0
合 计	工时	1485.0	1598.0	1997.0	2151.0	2273.0
井 管	m	103.00	103.00	103.00	103.00	103.00
黏 土	m³	20.53	22.63	25.73	28.73	31.83
滤 料	m³	6.67	6.67	6.67	6.67	6.67
井盖混凝土	m³	0.22	0.22	0.22	0.22	0.22
水	m³	38.20	46.30	61.80	77.20	92.70
钻 头	个	1.90	2.50	3.40	4.60	5.50
钻 杆	m	1.60	2.10	2.60	3.20	3.90
其他材料费	%	2	2	2	2	2
地质钻机 300型	台时	132.40	176.40	209.60	252.00	297.00
泥浆泵 3PN	台时	60.80	74.40	138.80	173.60	208.40
泥浆搅拌机	台时	4.40	5.60	7.60	9.20	11.20
离心水泵 11~17 kW	台时	170.00	170.00	170.00	170.00	170.00
其他机械费	%	5	5	5	5	5
编 号		90200	90201	90202	90203	90204

注：1.井管数量包括实管和花管，其比例按照设计确定；
2.钻井井径不同时，定额乘以下列系数：

井径(mm 以内)	600 ~ 650	650 ~ 700	700 ~ 800
系数	0.85	0.92	1

3.钻井孔深不同时，定额乘以下列系数：

孔深(m)	≤50	50 ~ 100
系数	1	1.25

3 防洪工程植树

(1)防浪林

适用范围：乔木：胸径3~5 cm；

           灌木：冠丛高100 cm以内。

工作内容：平整场地、挖坑、栽植、浇水、覆土保墒、整理。

单位：100株

项　　　目	单位	乔木	灌木
工　　　长	工时	1.0	0.8
高　级　工	工时		
中　级　工	工时		
初　级　工	工时	39.0	31.2
合　　　计	工时	40.0	32.0
树　　　木	株	105.00	105.00
水	m³	2.50	2.50
其他材料费	%	2	2
推　土　机　74 kW	台时	0.71	0.17
编　　　号		90205	90206

(2)行道林

适用范围：堤顶行道林，树木胸径不小于 5 cm。

工作内容：挖坑、栽植、浇水、覆土保墒、整理。

单位：100 株

项　　　目	单位	胸径(cm)	
		5 ~ 7	7 ~ 10
工　　　长	工时	3.3	5.0
高　级　工	工时		
中　级　工	工时		
初　级　工	工时	129.7	195.0
合　　　计	工时	133.0	200.0
乔　　　木	株	103.00	103.00
水	m³	5.00	7.50
其他材料费	%	2	2
编　　　号		90207	90208

(3)适生林

适用范围：淤区适生林，树木胸径 2～5 cm。

工作内容：挖坑、栽植、浇水、覆土保墒、整理。

项 目	单位	人力挖坑	机械挖坑
工 长	工时	0.9	0.4
高 级 工	工时		
中 级 工	工时		
初 级 工	工时	35.1	16.1
合 计	工时	36.0	16.5
乔 木	株	105.00	105.00
水	m³	4.00	4.00
其他材料费	%	2	2
挖 坑 机	台时		1.75
编 号		90209	90210

(4)护堤地林

适用范围：护堤地林。

工作内容：平整场地、挖坑、栽植、浇水、覆土保墒、整理。

单位：100 株

项　　　目	单位	胸径(cm)	
		3 ~ 5	5 ~ 7
工　　　长	工时	1.0	2.0
高　级　工	工时		
中　级　工	工时		
初　级　工	工时	39.0	71.0
合　　　计	工时	40.0	73.0
乔　　　木	株	105.00	105.00
水	m^3	2.50	5.00
其他材料费	%	2	2
推　土　机　74 kW	台时	0.71	0.71
编　　　号		90211	90212

4 标志标牌

(1)工程管理责任牌

工作内容：不锈钢面板：基础开挖、回填，预制混凝土面板，安装不锈钢板；

有机玻璃面板：基础开挖、回填，底座混凝土浇筑及钢筋制安，预埋法兰，安装立柱、有机玻璃。

单位：个

项　　目	单位	不锈钢面板	有机玻璃面板
工　　长	工时	0.6	0.6
高　级　工	工时	1.8	2.3
中　级　工	工时	7.9	5.1
初　级　工	工时	5.8	4.6
合　　计	工时	16.1	12.6
组合钢模板	kg	2.08	0.11
铁　　件	kg	2.95	0.05
钢　　筋	kg	16.63	17.00
电　焊　条	kg		1.50
不锈钢管 Φ100	kg		40.00
不锈钢管 Φ150	kg		15.66
不锈钢板 1 mm	kg	46.12	11.27
有 机 玻 璃	m²		6.41
混　凝　土	m³	0.16	0.16
其他材料费	%	5	5
搅　拌　机 0.4 m³	台时	0.03	0.03
胶　轮　车	台时	0.13	0.13
振　动　器 1.1 kW	台时	0.07	0.07
载　重汽车 5 t	台时	0.07	
电　焊　机 25 kVA	台时		1.50
型钢剪断机	台时		0.08
其他机械费	%	15	15
编　　号		90213	90214

(2)交界牌

工作内容：基础开挖、回填，混凝土浇筑及钢筋制安，刷漆，预埋法兰底座，安装立柱，安装标志。

单位：个

项　　　目	单位	数量
工　　　长	工时	2.3
高　级　工	工时	5.8
中　级　工	工时	26.0
初　级　工	工时	31.3
合　　　计	工时	65.4
组合钢模板	kg	1.51
无 缝 钢 管　Φ168	kg	189.00
镀锌铁件	kg	74.50
标 志 牌　铝合金　3.5 mm	块	1
合成树脂　5 mm	块	1
钢　　　筋	kg	30.00
混　凝　土	m³	2.20
其他材料费	%	5
搅 拌 机　0.4 m³	台时	0.39
胶 轮 车	台时	1.79
振 动 器　1.1 kW	台时	0.95
汽车起重机　5 t	台时	0.56
载重汽车　5 t	台时	0.56
其他机械费	%	15
编　　　号		90215

(3)简介牌

工作内容：险工、控导简介牌：基础开挖、回填，拌浆，洒水，砌砖，贴大理石面砖及蘑菇石。

水闸简介牌：基础开挖、回填，拌浆，洒水，砌砖，贴蘑菇石，大理石吊装。

单位：个

项　　目	单位	险工简介牌	控导简介牌	水闸简介牌
工　　长	工时	4.6	11.5	1.0
高　级　工	工时	8.1	19.5	1.7
中　级　工	工时	41.2	109.5	8.3
初　级　工	工时	54.0	144.0	11.7
合　　计	工时	107.9	284.5	22.7
砖	千块	1.46	5.14	0.23
水 泥 砂 浆	m³	1.07	3.34	0.17
蘑菇石板材	m²	4.43	6.92	2.60
乳液型建筑胶粘剂	kg	7.33	17.76	1.07
大理石面砖	m²	13.37	36.21	
大　理　石	块			1
其他材料费	%	5	5	5
搅 拌 机　0.4 m³	台时	0.19	0.61	0.03
胶 轮 车	台时	1.56	5.51	0.25
汽车起重机　5 t	台时			0.17
其他机械费	%	10	10	10
编　　号		90216	90217	90218

注：刻字、刷漆费用包含在大理石、大理石面砖预算价中。

(4)交通标志牌

工作内容： 挖坑、回填，混凝土浇筑及钢筋制安，刷漆，预埋法兰底座，安装立柱，安装标志。

单位：个

项　　　目	单位	警告、禁令 标志牌	交通指示牌
工　　　长	工时	0.8	2.3
高　级　工	工时	1.2	5.8
中　级　工	工时	11.0	26.0
初　级　工	工时	16.6	31.3
合　　　计	工时	29.6	65.4
组合钢模板	kg	0.84	1.51
镀 锌 铁 件	kg	28.60	74.50
无 缝 钢 管　Φ108	kg	25.14	
Φ168	kg		189.00
标 志 牌　铝合金　3 mm	块	1	1
合成树脂　3.5 mm	块	1	1
钢　　　筋	kg	4.00	30.00
混　凝　土	m³	1.24	2.20
其他材料费	%	5	5
搅 拌 机　0.4 m³	台时	0.22	0.39
胶 轮 车	台时	1.00	1.79
振 动 器　1.1 kW	台时	0.53	0.95
载 重 汽 车　5 t	台时	0.24	0.56
汽车起重机　5 t	台时	0.24	0.56
其他机械费	%	15	15
编　　　号		90219	90220

5 标 志 桩

工作内容： 预制混凝土构件：定位、混凝土及钢筋的全部工序、
埋设、油漆。

　　　　　　石材构件：定位、埋设、油漆。

(1)千米桩、百米桩、坝号桩、根石断面桩

单位：100 根

项　　　目	单位	千米桩	百米桩 混凝土	百米桩 石材	坝号桩	根石断面桩
工　　　长	工时	7.9	3.1	0.3	0.6	1.3
高　级　工	工时					
中　级　工	工时	105.4	56.7	32.5	33.6	52.4
初　级　工	工时	108.0	45.2	20.3	37.2	28.3
合　　　计	工时	221.3	105.0	53.1	71.4	82.0
组合钢模板	kg	29.88	9.34			5.60
铁　　　件	kg	7.34	2.30			1.38
钢　　　筋	kg	210.00	116.72			
油　　　漆	kg	8.68	5.15	5.15	8.68	0.81
石　　　材	根			103	103	
混　凝　土	m³	3.71	1.16			0.70
水	m³	5.76	1.80			1.08
其他材料费	%	5	5	2	2	5
搅　拌　机　0.4 m³	台时	0.67	0.21			0.12
胶　轮　车	台时	3.08	0.96			0.58
载 重 汽 车　5 t	台时	1.51	0.47	0.47	1.51	0.28
其他机械费	%	5	5	5	5	5
编　　　号		90221	90222	90223	90224	90225

注： 1.千米桩定额子目为混凝土材质，石材千米桩采用坝号桩定额子目；

　　　2.石材标志桩刻字费用包含在石材预算价中。

(2)高标桩、滩岸桩、边界桩、交通警示桩

项　　　目	单位	高标桩	滩岸桩、边界桩	交通警示桩
工　　　长	工时	36.8	7.7	6.6
高　级　工	工时			
中　级　工	工时	393.2	109.9	98.8
初　级　工	工时	497.3	95.8	86.8
合　　　计	工时	927.3	213.4	192.2
组合钢模板	kg	102.54	28.22	24.28
铁　　　件	kg	27.18	6.94	5.97
钢　　　筋	kg	1156.68	245.82	208.85
油　　　漆	kg	83.01	22.50	22.50
混　凝　土	m³	24.51	3.50	3.01
水	m³	33.08	5.44	4.68
其他材料费	%	5	5	5
搅　拌　机　0.4 m³	台时	4.42	0.63	0.55
胶　轮　车	台时	20.35	2.91	2.50
汽车起重机　5 t	台时	2.94		
载重汽车　5 t	台时	4.73	1.42	1.22
其他机械费	%	5	5	5
编　　　号		90226	90227	90228

附录1 施工机械台时费定额

	项 目	单位	挖坑机
（一）	折 旧 费	元	16.00
	修理及替换设备费	元	10.40
	安装拆卸费	元	
	小 计	元	26.40
（二）	人 工	工时	1.3
	汽 油	kg	
	柴 油	kg	12.6
	电	kW·h	
	风	m³	
	水	m³	
编 号			9228

附录 2　水文地质钻探地层分类表

地层分类	地层名称
松散层 I 类	耕土，填土，淤泥，泥炭，可塑性黏土，粉土，软砂藻土，粉砂，细砂，中砂，含圆(角)砾及硬杂质在 10%以内的黏性土、粉土，新黄土
松散层 II 类	坚硬的黏性土，老黄土，粗砂，砂砾，含圆(角)砾，卵石(碎石)及硬杂质在 10%～20%的黏性土、粉土和填土
松散层 III 类	圆(角)砾层，含卵石(碎石)及硬杂质在 20%～30%的黏性土、粉土
松散层 IV 类	冻土层，粒径在 20～50 mm 含量超过 50%的卵石(碎石)层，含卵石在 30%～50%的黏性土、粉土
松散层 V 类	粒径在 50～150 mm 含量超过 50%的卵石(碎石)层，强风化各类岩石

附录 3　其他工程特性表

序号	名称	材质及尺寸
1	排水沟	
1.1	排水沟	混凝土梯形断面，上口净宽 36 cm，底净宽 30 cm，净深 16 cm，壁厚 8 cm，排水沟两侧及底部采用三七灰土垫层，厚度 15 cm
1.2	堤顶边埂侧缘石	预制混凝土块侧缘石，长×宽×高为 80 cm×10 cm×30 cm，埋深 15 cm
2	防洪工程植树	
2.1	防浪林	乔木树坑尺寸：长×宽×高为 40 cm×40 cm×40 cm； 灌木树坑尺寸：长×宽×高为 30 cm×30 cm×30 cm
2.2	行道林	胸径 5～7 cm 树坑尺寸：长×宽×高为 60 cm×60 cm×60 cm； 胸径 7～10 cm 树坑尺寸：长×宽×高为 80 cm×80 cm×80 cm
2.3	适生林	树坑尺寸：长×宽×高为 40 cm×40 cm×40 cm
2.4	护堤地林	树坑尺寸：长×宽×高为 40 cm×40 cm×40 cm
3	标志标牌	
3.1	工程管理责任牌	

序号	名称	材质及尺寸
3.1.1	不锈钢面板责任牌	采用预制钢筋混凝土材质，责任牌面板尺寸 120 cm×80 cm×12 cm，两侧为立柱，立柱断面 12 cm×12 cm，长 140 cm，埋深 70 cm，正反两侧镶不锈钢面板
3.1.2	有机玻璃面板责任牌	责任牌面板采用有机玻璃框体，尺寸为 2 m×1.2 m，厚度 8 cm，下沿离地高度 80 cm，两侧立柱为钢管 Φ100 mm×2200 mm、外包不锈钢管 Φ150 mm，顶端采用高耐热的遮阳板，长度 2.5 m，底座采用现浇混凝土
3.2	交界牌	单悬臂式结构，立柱杆为 Φ168 mm 钢管立柱、总长 6 m，牌 140 cm×100 cm、采用铝合金板 3.5 mm 或合成树脂 5 mm，板面颜色采用反光蓝底白字图案
3.3	简介牌	
3.3.1	险工简介牌	牌 3 m×1.85 m×0.3 m，底座 3.4 m×0.8 m×0.6 m，砖砌结构，底座外镶蘑菇石，碑面外贴大理石面砖
3.3.2	控导简介牌	牌 5 m×3 m×0.5 m，底座 5.4 m×0.8 m×0.8 m，砖砌结构，底座外镶蘑菇石，碑面外贴大理石面砖
3.3.3	水闸简介牌	牌 1.5 m×1 m×0.15 m，整块大理石构件，基座 1.9 m×0.45 m×0.6 m，砖砌结构，外镶蘑菇石
3.4	交通标志牌	

序号	名称	材质及尺寸
3.4.1	交通警示牌	参照《道路交通标志和标线》(GB 5768—1999)，采用单柱式结构，立柱杆为Φ108 mm×4.5 mm×2200 mm 钢管立柱；标志牌为三角形，边长 80 cm，采用铝合金板 3 mm 或合成树脂 3.5 mm
3.4.2	禁令标志牌	参照《道路交通标志和标线》(GB 5768—1999)，采用单柱式结构，立柱杆为Φ108 mm×4.5 mm×2200 mm 钢管立柱；标志牌为圆形，直径 90 cm，采用铝合金板 3 mm 或合成树脂 3.5 mm
3.4.3	交通指示牌	同交界牌
4	标志桩	
4.1	千米桩	材料采用钢筋混凝土标准构件或坚硬石材，长×宽×高为 30 cm×15 cm×80 cm，埋深 40 cm
4.2	百米桩	材料采用钢筋混凝土标准构件或坚硬石材，长×宽×高为 15 cm×15 cm×50 cm，埋深 30 cm
4.3	坝号桩	材料采用坚硬料石，长×宽×高为 30 cm×15 cm×80 cm，埋深 40 cm
4.4	根石断面桩	材料采用钢筋混凝土标准构件，长×宽×高为 15 cm×15 cm×30 cm，埋深 30 cm
4.5	高标桩	材料采用预制钢筋混凝土构件，高标桩全长 3.5 m，标牌为等边三角形，边长 100 cm，厚 15 cm，支架柱为正四棱柱，柱宽 15 cm，埋深 1 m，基础为混凝土墩
4.6	滩岸桩、边界桩	材料采用预制钢筋混凝土标准构件，长×宽×高为 15 cm×15 cm×150 cm，埋深 50 cm
4.7	交通警示桩	材料采用预制钢筋混凝土标准构件，长×宽×高为 15 cm×15 cm×130 cm，埋深 50 cm